苹果

主要病虫害绿色防控及科学安全用药手册

刘保友　陈　敏　顾海燕 ◎ 主编

中国农业出版社
北　京

内容简介

本书主要介绍了苹果病虫害绿色防控措施和农药的科学安全使用。根据病虫害发生特点，从病原、形态特征、危害症状、发生规律、防治措施以及农药的储存使用原则、农药中毒及解救方法、农药药害、农药混合使用、延缓病虫害抗药性、植保无人机施用农药等方面进行叙述，力求内容简练、易学习、易掌握。全书分为三部分，第一部分介绍了苹果（树）的12种病害（腐烂病、轮纹病、斑点落叶病、褐斑病、白粉病、赤星病、炭疽叶枯病、炭疽病、黑点病、红点病、霉心病、苦痘病）；第二部分介绍了苹果的10种虫害（苹果黄蚜、苹果瘤蚜、苹果绵蚜、苹果全爪螨、山楂叶螨、二斑叶螨、桃小食心虫、苹小卷叶蛾、金纹细蛾、绿盲蝽）；第三部分介绍了苹果病虫害防治农药安全使用。内容图文并茂、浅显易懂。

本书可供基层农技推广部门、农业合作社、相关企业、种植户、科研人员等参考使用。

编写人员名单

主　编　刘保友　　陈　敏　　顾海燕

副主编　刘民晓　　王洪涛　　王丽丽　　栾炳辉

　　　　朱　茜

参　编　李宝燕　　汪少丽　　张　伟　　周华飞

　　　　石　洁　　李凌云　　王　鹏　　张占田

　　　　陈海宁　　姚　杰　　冷伟锋　　樊兆博

　　　　杨天景　　刘翠玲　　吕　毅　　孙行杰

　　　　孟祥谦　　刘晓娜　　郭　雪　　张建青

　　　　张晓龙　　李素霞　　林新明　　张海波

Foreword 前　言

　　苹果产业是我国农业生产的重要组成部分，在推进我国农业供给侧结构性改革、助力乡村振兴和生态文明建设等方面发挥了重要作用。苹果生产中病虫害发生种类多且严重，给苹果生产造成严重损失。农药是减轻这种损失不可或缺的生产资料，对防控苹果病虫害、提高产量、改善果品质量具有重要作用。为了有效控制苹果病虫害的发生，果农往往频繁用药、过度用药，导致病虫抗药性增强、生产成本升高、果品质量降低、环境污染和农药残留等问题凸显，影响苹果产业的高质量发展。

　　为了提升科学化管理水平，促进苹果病虫害绿色防控和农药科学安全使用，笔者编写了《苹果主要病虫害绿色防控及科学安全用药手册》一书。本书以图文并茂的方式，详细介绍了苹果主要病害的病原菌、危害症状、发病规律、防治措施，主要虫害的形态特征、危害症状、发生规律、防治措施，讲解了苹果病虫害防治农药安全使用等内容，为苹果病虫害绿色防控提供指引，可供基层农技推广人员和果农等参考使用。

感谢中国农业出版社对本书编辑、出版过程中给予的指导。感谢山东省烟台市农业科学研究院、山东省果品产业技术体系和山东商务职业学院等对本书出版的大力支持。

由于各苹果主产区的气候条件、栽培措施、种植结构、土壤条件及管理者水平的不同，导致不同年份、不同种植区苹果病虫害发生规律和防治措施存在差异。本书根据编者多年的实践经验，参考相关文献资料编写而成，但受苹果品种、种植环境等因素影响，存在不足之处也在所难免，敬请各位专家学者、同行和种植者批评指正。

编　者

2024年1月于山东烟台

Contents
目 录

第二部分　苹果常见虫害

第三部分　苹果病虫害防治农药安全使用

第一部分　苹果常见病害

第一节　苹果树腐烂病

苹果树腐烂病俗称串皮湿、臭皮病、烂皮病，是危害苹果枝干的重要病害，主要分布于我国东北、华北、西北等苹果产区，发生普遍，危害严重。

1. 病原菌

病原菌为苹果壳囊孢（*Cytospora mali* Grove），属半知菌亚门真菌。苹果树腐烂病菌菌丝在28～32℃的温度范围内生长良好，最高生长温度为37～38℃，最低生长温度为5～10℃。

2. 危害症状

苹果树腐烂病主要危害结果树的树干，幼树和苗木也可受害。症状表现为溃疡型和枝枯型两种，以溃疡型为主。溃疡型多发生在主干、主枝或锯口四周，发病初期病部呈红褐色，略隆起，水渍状，组织松软，流出黄褐色汁液，病皮极易剥离，腐烂皮层呈鲜红褐色，湿腐状，有酒糟味，发病后期病疤失水干缩，变黑褐色下陷，其上生有黑色小粒点。枝枯型多发生在衰弱树和小枝条、干桩等部位，常在小枝上环绕一圈，造成枝条枯死，发病初期病部呈红褐色，略潮湿肿胀，边缘界限不明显，枯死皮下病组织变成褐色或暗褐色，开始时松软、糟烂，以后变硬。

溃疡型苹果树腐烂病症状　　　　枝枯型苹果树腐烂病症状

3. 发病规律

苹果树腐烂病菌为弱寄生菌，通过果树伤口侵入。3—5月为侵染高峰，6月上旬至7月上中旬树皮形成鳞片状自然落皮层，并变色死亡，为病菌扩展提供了条件，在此期间由于苹果树处于活跃生长期，侵入的病菌只形成表层溃疡斑。发病高峰期在早春2—4月（树体为休眠期，抵抗力最弱，病斑扩展快）和秋末冬初10月下旬至11月间（渐入休眠期，生活力减弱，病菌活动增强，出现发病小高峰）。

4. 防治措施

（1）农业防治：加强栽培管理，提高树体抗病能力。在苹果休眠期，彻底刮除病疤病瘤，并把所有病残体带出果园，以压低越冬菌源数量；在修剪果树之前，对修剪工具进行消毒，防止病菌感染，修剪后及时保护好修剪口，剪锯口用封剪油等涂抹，抵御真菌的侵入。

（2）科学用药： 可选用430克/升戊唑醇悬浮剂2 000 ～ 2 500倍液，于春季发病前或发病初期刮除病疤后喷淋，秋季再施药1次，共施药2次；或选用250克/升吡唑醚菌酯乳油1 000 ～ 1 500倍液，于苹果休眠期彻底刮除病疤后，全树喷淋或涂抹防治苹果树腐烂病1次；或选用1.9%辛菌胺醋酸盐水剂50 ～ 100倍液，在苹果腐烂病发生初期均匀涂抹在发病处，隔7天左右抹涂1次，连续抹涂2 ～ 3次；或选用3.3%甲硫·萘乙酸膏剂于春季病害发生期，刮除病疤后涂抹病斑，用量185 ～ 270克/米^2，促进伤口愈合，提高树体免疫力。

第二节　苹果轮纹病

苹果轮纹病俗称粗皮病、轮纹烂果病，能引起果实轮纹烂果、枝干病瘤、枝干干腐，在辽宁、陕西、河北、山东、甘肃等苹果主产区均有发生。

1. 病原菌

病原菌为葡萄座腔菌（*Botryosphaeria dothidea*），属子囊菌亚门葡萄座腔菌属真菌。

2. 危害症状

果实轮纹烂果：以皮孔为中心，初期形成水渍状褐色小斑点，呈同心轮纹状向四周扩大，并有茶褐色黏液溢出。条件适宜时，病斑发展迅速，几天内可使全果腐烂，有酸臭味，未等采收即

苹果枝干病瘤

脱落。

枝干病瘤：由轮纹病菌侵染枝干引起发病。发病时以皮孔为中心，形成瘤状突起，后期病瘤边缘龟裂、病部翘起，很多病斑连合在一起，致使表皮粗糙，因而又称"粗皮病"。

枝干干腐：枝干干腐在管理不良的幼树和衰弱大树上发生严重。幼树受害后，多在嫁接部位附近形成暗褐色病斑，沿树干向上扩大，病部密生突起小黑点。病斑在树干上部时，沿树干上下发展，形成凹

苹果烂果初期症状

苹果烂果中期症状

苹果烂果后期症状

陷带状条斑，与健部之间有明显裂痕。大树受害后，发病初期病部溢出浓茶色黏液，后期病斑水分丧失，形成凹陷黑褐色干斑，病部与健部交界处开裂，病皮翘起，易剥离，病斑上密生小黑点，发病严重时许多病斑连片，导致树皮组织死亡，最后烂到木质部，树干枯死。枝干干腐有时仅发生在树干一侧形成条形凹陷斑，衰弱树多在上部枝条发病，易产生枯枝。

苹果枝干干腐症状

苹果斑点落叶病症状

形小斑点，病斑周围常有紫色晕圈，边缘清晰。若环境条件适宜病菌扩展，多个小斑点相互连接成病斑，病斑颜色为红褐色，病部中央有同心轮纹。天气潮湿时，病斑背面长出黑色霉层。后期病斑迅速增多，在高温多雨季节，病斑迅速扩大，呈现不规则状态，有的病斑破裂或穿孔。

3. 发病规律

苹果斑点落叶病品种间差异显著，新红星、红香蕉、青香蕉等高感，红富士发病轻，春秋梢易发病。病原菌以菌丝在受害叶、枝条病斑或芽鳞中越冬，翌年春季4—5月病菌产生分生孢子，分生孢子借助气流、风雨进行传播，从气孔侵入，后期进行多次再侵染。一年有2次发病高峰，其中第1次发病高峰发生在6月，其间孢子大量增加，春梢和叶片迅速染病；7—8月为第2次发病高峰，病菌再次侵染秋梢嫩叶，引起病害流行和蔓延。枝条染病通常在7月，大量孢子侵染枝条，枝条随即发病。果实从幼果期开始就受到病菌侵害，逐渐在果面上产生许多褐色小斑点，影响果实品质。

4. 防治措施

（1）**农业防治**：加强田间管理，落叶后至发芽前彻底清除落叶，集中带离果园，消灭病菌越冬场所；合理修剪，及时剪除夏季徒长枝，保持树体通风透光；科学施肥，增强树势，提高树体抗病能力。

（2）**科学用药**：可选用30%戊唑·醚菌酯水分散粒剂2 000～3 000倍液，在发病初期全株喷雾施药，间隔10～14天施药1次，春梢和秋梢期连续施药3～6次为宜；或者选用10%苯醚甲环唑水分散粒剂1 500～3 000倍液，发病前或初期全株叶面喷雾施药，一个生长期最多施用2次；或者选用400克/升氯氟醚·吡唑酯悬

浮剂 2 000 ～ 3 500 倍液，于发病前或发病初期第 1 次用药，间隔
7 ～ 14 天用药 1 次，连续施药 3 次。

第四节　苹果褐斑病

苹果褐斑病又称绿缘褐斑病，是危害苹果叶片的主要病害之
一，也是导致苹果树落叶最普遍、最严重的一种病害，在我国苹
果主产区均有发生。

1. 病原菌

病原菌有性态为苹果双壳孢（*Diplocarpon mali*），属子囊菌亚
门双壳孢属真菌；无性态为苹果盘二孢（*Marssonina coronaria*），
属半知菌亚门盘二孢属真菌。菌丝生长适温为 20 ～ 25℃，在较
高的温度下，病菌侵染速度加快。分生孢子萌发的温度范围为
0 ～ 35℃，最适温度为 18 ～ 25℃。

2. 危害症状

苹果褐斑病在叶片上主要有针芒型、同心轮纹型和混合型 3 种
症状类型。针芒型：病斑小，无定形，可布满全叶，病斑上生有
微隆起的黑色针芒状物，上生有小黑点，后期病叶变黄，但病斑
周围及其背面仍保持绿色。同心轮纹型：发病初期叶面出现黄褐
色小点，逐渐扩大为圆形，中心黑褐色，周围黄色，病斑周围有
绿色晕圈，后期病斑上有排列成同心轮纹状的黑色小粒点，即分
生孢子盘。混合型：病斑暗褐色，较大，近圆形或数个不规则病
斑连接在一起，其上散生黑色小点，但轮纹状不明显，后期病叶
变黄，病斑边缘仍保持绿色。

苹果褐斑病叶片症状（从左到右依次为针芒型、同心轮纹型、混合型）

苹果褐斑病造成整树落叶

3.发病规律

降雨是苹果褐斑病菌孢子传播、萌发侵染的必要条件。病菌以菌丝、菌索、分生孢子盘或子囊盘在病落叶上越冬，翌年春季4月中旬产生分生孢子和子囊孢子，随风雨传播到叶片，形成初侵染源，然后开始多次重复侵染，全年有4个流行阶段，5—6月为初侵染期，7月是病菌积累期，8—9月为发病高峰期，10—11月为越冬准备期，初侵染期和病菌累积期是防治关键时期。

4.防治措施

（1）**农业防治**：加强管理，合理施肥，提高树势；及时合理修剪，改善果园通风透光条件；雨后及时排涝，降低果园湿度；苹果落叶后，及时清理落叶，彻底清园，消灭越冬病源。

（2）**科学用药**：可选用70%肟菌·戊唑醇水分散粒剂3 500～4 500倍液，于苹果褐斑病发病前或发病初期喷雾防治，间隔10～15天用药1次，连续施药2次，每季最多使用2次；或者选用200克/升氟酰羟·苯甲唑悬浮剂1 700～2 500倍液，于发病初期喷雾防治，间隔7～14天施药1次，连续施药2次，每季最多使用3次；还可选用25%丙环唑水乳剂1 500～1 800倍液，于苹果褐斑病发病前或发病初期喷雾，间隔7～15天施药1次，连续施药2～3次，每季使用不超过3次。

第五节　苹果白粉病

苹果白粉病是苹果生产中常见的病害之一，在我国苹果栽培区均有发生。尤其是国光、乔纳金、红粉佳人等品种危害较重。

1. 病原菌

病原菌为白叉丝单囊壳菌（*Podosphaera leucotricha*），属子囊菌亚门核菌纲白粉菌目真菌。无性阶段属半知菌亚门真菌。

2. 危害症状

苹果白粉病主要危害苹果树幼嫩的芽、梢、叶，也可危害花和幼果。发病后的主要症状特点是在受害部位表面产生一层白粉状物，从病芽发出的新梢、叶丛和花器全都染病。新梢受害后，节间缩短、细弱，严重时，一个枝条上可有多个病芽萌发形成病梢。梢上病叶狭长，叶缘卷曲，扭曲畸形，质硬而脆。后期新梢停止生长，叶片逐渐变褐枯死，甚至脱落。展叶后受害的叶片，背面产生灰白色粉状病斑，正面颜色浓淡不均，凹凸不平。病叶常皱缩扭曲，严重时整个叶片布满白色粉层，影响光合作用。花器受害后，花萼及花柄扭曲，花瓣细长瘦弱，多不能正常开花，

苹果白粉病症状

即使开了花，花瓣也狭小变形，病花很少坐果。幼果受害后，多在萼洼处产生病斑，病斑表面布满白粉，后期病斑处表皮变褐。

3. 发病规律

病菌以菌丝体潜伏在冬芽的鳞片间或鳞片内越冬。春季芽萌发时，越冬菌丝产生大量分生孢子，成为初侵染来源。该病有多次再侵染。4—6月，随着气温上升，分生孢子随着气流传播，从气孔侵染幼叶、幼果、嫩芽、嫩梢进行危害，出现第1次发病高峰。7—8月，若遇到持续的高温，病菌侵染能力将受到抑制，使得侵染过程逐渐缓慢或停滞。秋季秋梢产生幼嫩组织时，病梢上的分生孢子侵入秋梢嫩芽，形成第2次发病高峰。10月以后苹果白粉病很少发生。

4. 防治措施

（1）农业防治：早春萌芽后及时剪除病梢，注意修剪后一定要清理果园，将带病组织、杂草、落叶、枝条等带出果园集中销毁或深埋，减少发病中心及菌量；及时疏剪过密枝条，改善果园通风透光条件，减少病害的发生。

（2）科学用药：可选用40%腈菌唑可湿性粉剂6 000 ～ 8 000倍液，于苹果白粉病发生初期开始施药，间隔10天左右施药1次，每季最多使用3次；还可选用10%乙唑醇乳油3 000 ～ 4 000倍液，在发病初期喷药，视病情轻重，可喷药2 ～ 3次，施药间隔10天左右。

第六节　苹果赤星病

苹果赤星病又名锈病、苹桧锈病、羊胡子病，是苹果生长前期的重要病害，尤其是在桧柏种植区附近的苹果树上易发生。

1. 病原菌

病原菌为山田胶锈菌（*Gymnosporangium yamadai*），又称苹果东方胶锈菌，属担子菌亚门冬孢菌纲锈菌目柄锈菌科胶锈菌属真菌，是一种转主寄生菌，在苹果树上形成性孢子器和性孢子、锈孢子器和锈孢子。在桧柏树上则形成冬孢子角、冬孢子，冬孢子萌发后产生担孢子。

桧柏上的苹果锈菌

2. 危害症状

苹果赤星病主要危害叶片，也能危害嫩枝、果柄和幼果。叶片发病初期在正面产生黄绿色斑点，后扩大形成圆形黄褐色病斑，边缘红色，严重时一片叶上有几十个病斑。发病 1 ～ 2 周后，病斑表面密生鲜黄色小颗粒，可溢出带有光泽的黏液，黏液干燥后，小粒点变黑。病斑在背面隆起，丛生土灰色细管状物（锈孢子器）。

苹果赤星病叶片症状

幼果感病症状与叶片相似，果实表面会出现圆形病斑，开始为黄色，最后果实病斑周围产生黄褐色茸毛，导致果实停止生长，坚硬，并多呈畸形。

苹果赤星病果实症状

3.发病规律

病菌以菌丝体在桧柏等转主寄主上的菌瘿中越冬，翌春产生冬孢子角。苹果萌芽后，冬孢子角发育成熟，遇雨萌发产生担孢子，担孢子随风雨传播，侵染苹果幼嫩组织。苹果上的病菌产生锈孢子，锈孢子成熟后再随风传到桧柏等植物上危害。担孢子和锈孢子1年只产生1次，担孢子仅侵染果树，锈孢子仅侵染桧柏，所以该病1年只感染1次。需要注意的是，柏树上的冬孢子角能连续多年产孢。

4.防治措施

（1）**农业防治**：清除转主寄主，在苹果园周围5千米内不种植桧柏类植物。

（2）**科学用药**：可选用30%唑醚·戊唑醇悬浮剂2 000～3 000倍液，在发病前或发病初期施药，每季最多使用3次；也可选用1.26%辛菌胺醋酸盐160～320倍液，在发病初期用药，根据田间发病和气候条件，间隔7～10天施药1次，连续使用2～3次，每季最多使用3次。

第七节　苹果炭疽叶枯病

苹果炭疽叶枯病主要危害嘎拉、乔纳金等金冠系品种，富士系品种则表现为抗病。该病在河南、陕西、山东、辽宁、山西等苹果主产省有不同程度的发生，是引起早期落叶的病害之一。

1.病原菌

病原菌为胶孢炭疽菌（*Colletotrichum gloeosporioides*），病菌菌落变异大，在室内培养条件下，菌落呈圆形；菌丝体从无色变为橄榄绿、褐色或黑褐色；分生孢子盘表皮细胞间的发育以散生或群生的形式进行；分生孢子梗呈圆柱状，不分枝；附着胞褐色扁球状或边缘不规则。

2.危害症状

幼叶感病时，叶片表面初期表现为红色小斑点，后逐渐变为黄褐色或者红褐色。老叶感病时，初期表现为淡褐色小斑点，稍凹陷，病斑周围有不规则深褐色晕圈，病斑扩展并呈现出红褐色，各种坏死病斑连在一起，呈现出不规则形。在高温条件下，病斑扩展迅速，2天内叶片变褐，严重时失水呈焦枯状而后脱落。

苹果炭疽叶枯病叶片症状

果实发病时，初期表现为红褐色小点，后期呈现近圆形褐色、凹陷病斑，病斑基本不会扩展，中央变为灰白色，伴有红色晕圈。

苹果炭疽叶枯病果实症状

3. 发病规律

病菌主要在休眠芽和枝条上越冬，也能以菌丝体在病果、僵果、干枝、果台上越冬。在5月环境条件适宜时产生分生孢子，成为初侵染源，病菌借雨水和昆虫传播，经皮孔和伤口侵入果实、叶片，潜育期一般在7天左右。6—8月是苹果炭疽叶枯病最适宜发生期。环境条件合适的情况下，2～3天即可使全树叶片干枯脱落。

4. 防治措施

（1）**农业防治**：春季彻底清除果园内的越冬病叶、病枝、病果、老翘树皮和落叶，减少病原菌的初侵染数量。合理修剪，平衡树势，保持园内通风透光。

（2）**科学用药**：可选择42%唑醚·戊唑醇悬浮剂4 000～5 000倍液，于发病前或发病初期，对整株叶面均匀喷雾，间隔10～15天施药1次，连续施药2～3次，每个季节最多使用3次；或者选用55%喹啉铜·溴菌腈可湿性粉剂3 000 ~ 4 000倍液，在发病前或发病初期施药，间隔7 ~ 10天施药1次，可施药2 ~ 3次，每季最多使用3次。

第八节　苹果炭疽病

苹果炭疽病又称苦腐病、晚腐病，可引起果实腐烂、落果和采后贮藏期果实腐烂，在我国苹果各产区普遍发生，危害严重。

1. 病原菌

病原菌为围小丛壳（*Glomerella cingulata*），属子囊菌亚门小丛壳属真菌。无性阶段为胶孢炭疽菌（*Colletotrichum gloeosporioides*），属半知菌亚门。分生孢子单胞，无色，长椭圆形或长卵圆形。分生孢子可陆续产生并混有胶质，集结成团时为粉红色，遇水时胶质溶化使分生孢子分散传播。病原菌的最适生长温度为28℃，当温度高于40℃或低于2℃时会进入潜伏期。

2. 危害症状

苹果炭疽病主要危害果实，有时也会危害枝条和果台等。果实受害初期，先在果面产生淡褐色、有清晰边缘的针头大小的圆形小斑点，病斑逐渐扩大后，色泽加深，呈漏斗状向内腐烂，果肉变褐色，有轻微苦味，病斑褐色至黑褐色，略凹陷。当病斑直径在1 ~ 2厘米时，病斑中心开始出现稍隆起呈同心轮纹状排列的小粒，即分生孢子盘。天气潮湿时，病斑表面生出粉红色黏液，即病原菌的分生孢子团。

果台受害后，先从顶部开始发病，病部暗褐色，逐渐向下蔓延，后期干枯死亡。

苹果炭疽病果实症状

苹果炭疽病果台症状

3. 发病规律

　　病菌主要以菌丝体在树上的僵果、果台及干枯枝等部位越冬，病菌孢子通过风雨飞溅落到果面上，经皮孔、伤口或直接侵入果实发病，整个生长期内有多次再侵染。病菌具有潜伏侵染特性。自谢花后的幼果至采收前的成熟果实均可受害，北方地区5月底至6月初即进入侵染盛期。前期侵染的病菌由于幼果抗病力较强，不能造成果实发病，多在果实成熟或半成熟期抗病力降低时发病，夏季高温多雨季节往往发病较重。

4. 防治措施

　　（1）农业防治：加强栽培管理，科学施肥，适当增施有机肥，增强树势，提高树体抗病能力；合理修剪，使树冠通风透光，降低园内湿度，创造不利于病害发生的环境条件；清洁果园，结合修剪，彻底剪除枯死枝、死果台等带病组织，并彻底清除果园内的病僵果，集中深埋或销毁，压低菌源基数。

（2）科学用药：可选择22.7%二氰蒽醌悬浮剂600～1 000倍液，于苹果树炭疽病发病前或发病初期施药，间隔10～15天施药1次，连续使用2～3次，安全间隔期21天，每季最多施药3次；或者选用20%抑霉唑水乳剂800～1 200倍液，在发病前或发病初期施药，每隔10天喷药1次，连续喷施2次，安全间隔期21天，每季最多施药2次；或者选择60%唑醚·代森联水分散粒剂1 000～2 000倍液，第1次施药应在苹果谢花后7～10天进行，以后间隔10～15天施药1次，连续施药4次，每季最多使用4次，安全间隔期28天；还可选择25%咪鲜胺乳油750～1 000倍液，于发病初期施药，施药间隔10～14天，每季最多施药5次，安全间隔期14天。

第九节　苹果黑点病

引起苹果黑点病是套袋苹果的主要病害之一，在我国苹果产区发生普遍。果实染病后症状仅局限于表皮，但会影响果实外观品质，降低商品价值，造成严重的经济损失。该病在套袋苹果和不套袋苹果上均有发生，主栽品种富士发生较重。

1. 病原菌

苹果黑点病的病原菌在不同地区之间差异明显，我国已报道引起苹果黑点病的病原菌达10余种，分别属于枝顶孢属（*Acremonium*）、链格孢属（*Alternaria*）、柱盘孢属（*Cylindrosporium*）、茎点霉属（*Phoma*）、帚枝霉属（*Sarocladium*）和聚端孢属（*Trichothecium*）等。山东省苹果黑点病的病原菌主要为细极链格孢（*Alternaria tenuissima*）、粉红聚端孢（*Trichothecium roseum*）和产菌核枝顶孢（*Acremonium sclerotigenum*）。

2.危害症状

苹果黑点病主要危害果实，黑点病斑多出现在果实的萼部，病斑圆形，黑色或深褐色，大小不一，有时病斑中央有裂纹、白色茸膜状果胶。随病情发展黑点逐渐扩大，有芝麻或绿豆大小，小的似针尖状，大的直径5毫米左右。多个病斑常同时发生，病部组织干枯，后期不再生长扩展。

苹果黑点病症状

3.发病规律

病菌主要以菌丝体或分生孢子在落叶或病果上越冬，翌年春天病部的小黑点，即病菌的子座、子囊壳或分生孢子器，产生子囊孢子或分生孢子，这些孢子借助风雨传播，从伤口或皮孔侵入，5—6月孢子量最多，7月是散发高峰期，8月以后孢子量减少。高温高湿易引发黑点病大发生。

4. 防治措施

（1）物理防治：加强果园管理，增施农家有机肥和磷、钾肥等，配合施用其他微量元素肥料，注意氮肥的用量不宜过高；合理修剪，防止苹果树枝徒长、树冠过密，培养健壮、通透的树体；及时做好疏枝、抹芽、摘心、拉枝等修剪工作，改善苹果树体的通风、透光情况，给苹果树生长创造良好的环境；选择降温效果好、透气性好的优质双层果袋，降低果实黑点病的发病率。

（2）科学用药：在苹果落花后7～10天开始用药，选择30%戊唑·多菌灵悬浮剂600～1 000倍液等，间隔15天左右喷施1次，每季最多用药2次。

第十节　苹果红点病

苹果红点病是一种多发于套袋富士苹果上的病害，在我国苹果主产区发生较为普遍。

1. 病原菌

引起苹果红点病的病原菌与苹果斑点落叶病的病原菌相同，均为链格孢苹果专化型（*Alternaria alternata* f.sp *mali*）。

2. 危害症状

在果实表面形成以皮孔为中心的直径为2～3毫米甚至5毫米的红色和紫红色斑点。也有的是在苹果脱袋后一周内，向阳面出现红褐色小点，红点不扩展、不凹陷、不深入果肉、不腐烂，在贮藏期间也不扩展蔓延。

苹果红点病危害果实症状

3. 发病规律

受害果一般在刚摘袋时果面无红点，采后3～4天出现。

4. 防治措施

（1）物理防治：选用优质果袋，果实套袋必须选择内袋为蜡质的纸袋，果袋的封口必须严丝合缝，防止雨水进入；摘袋时间要选择上午10时以前或下午4时以后进行，外袋与内袋要分两次脱除，间隔3～5天进行。

（2）科学用药：参考对苹果斑点落叶病的防治，在苹果生长期选择对苹果斑点落叶病有效的药剂进行防治。在苹果摘袋前，叶面喷施多抗霉素、苯醚甲环唑等杀菌剂，对摘袋后感染的红点病具有显著的预防作用。

第十一节　苹果霉心病

苹果霉心病也称为果腐病、心腐病、霉腐病等，是由多种真菌混合侵染引起的果实病害。

1. 病原菌

苹果霉心病由多种真菌混合侵染，常见的有粉红聚端孢 [*Trichothecium roseum*（Bull.）Link]、链格孢[*Alternaria alternata* (Fr.) Keissl.]和串珠镰孢（*Fusarium moniliforme* Sheld.）3种。

2. 危害症状

苹果霉心病主要发生于果实上，根据发病症状可以分为褐变型、霉心型和腐烂型。褐变型主要是果实心室组织发生褐色病变，初染病的果实心室有分散的褐色点状或条形小斑，随着病情发展连成褐色斑块，靠近心室的果肉发苦。霉心型主要症状是果实心

苹果霉心病霉心型症状

室内部发霉，霉状物主要颜色是绿、灰白、灰黑、粉红等，但病变部位不会蔓延到心室外部，不影响健康组织和苹果的食用。腐烂型症状主要是果实内部产生腐烂，并逐渐向外蔓延，导致大部分健康苹果组织腐烂，甚至会导致外表腐烂。霉心病发病原因复杂，由多种真菌联合侵染，其中链格孢主要导致苹果产生霉心症状，粉红聚端孢主要导致腐烂症状。

苹果霉心病褐变型症状

苹果霉心病腐烂型症状

3. 发病规律

病菌大多是弱寄生菌，能在苹果枝干、芽体等多个部位存活，也可在树体及土壤等处的病僵果或坏死组织上存活。翌年春季开始传播侵染，随着花朵开放，病菌首先在柱头上定殖，落花后从花柱开始向萼心间组织扩展，然后进入心室，导致果实发病。病果极易脱落，有的霉心果实因外观无症状而被贮藏，遇适宜条件将继续霉烂。

霉心病产生原因是致病菌经花柱侵入，从花朵开放、初花、落花期到贮藏期，从花柱定殖的病菌逐渐进入心室并在心室蔓延，因此霉心病的危害贯穿于种植、生产、销售各个环节。

发病与品种有密切关系。在栽培品种中，凡果实萼筒长，且与果心相连的发病重，如红星、红冠等元帅系品种均感病重；金冠半开萼发病就轻；国光一般为闭萼，萼筒短，发病轻。此外，树势弱、郁闭的果园发病重。

4. 防治措施

（1）农业防治：加强栽培管理，增施有机肥，改善苹果根系生长环境，提高营养供给能力，增强树势，提高果实抗病性；认真清园，降低病原基数；严格挑选贮藏果，严控贮藏温度。

（2）科学用药：病菌侵染主要在花期，为了将发病率控制在较低水平，兼顾考虑化学药剂对盛花期授粉昆虫的影响，以及盛花期施药可能对苹果坐果的不利影响，参考药剂防治链格孢、镰孢属等病原物引起的病害，可于花前、谢花约80%后喷雾防治1～2次，可以选用10%多抗霉素可湿性粉剂1 000～1 500倍液、10%苯醚甲环唑水分散粒剂1 500～2 000倍液、75%肟菌·戊唑醇水分散粒剂4 000～6 000倍液、400克/升氯氟醚·吡唑酯悬浮剂2 000～3 500倍液等药剂。

第十二节　苹果苦痘病

苹果苦痘病又称苦陷病，是苹果成熟期和贮藏期常发生的一种缺钙性生理病害，主要表现在果实上。

1. 病原菌

苹果苦痘病是树体生理性缺钙引起的，是一种生理性病害，而非由某种特定的微生物或病原体引起。

2. 危害症状

病斑多发生在果实近果顶处，即靠近萼洼处，靠果柄一端则较少发生。病部果皮下的果肉先发生病变，产生褐色病斑。在红色苹果品种上呈现暗紫红色斑，在绿色品种上呈现深绿色斑，在青色品种上呈现灰褐色斑。发病部位果肉干缩凹陷，深入果肉2～3毫米，表皮坏死，有苦味。发病初期一般不会引起腐烂，贮藏后期，病部易开裂，被腐生菌复合侵染，从而导致变色腐烂。

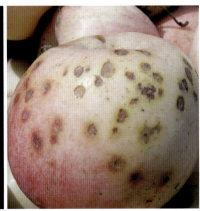

苹果苦痘病症状

3. 发病规律

发病时期主要是在苹果膨大后期、成熟期和贮藏期，症状一般在果实近成熟时开始出现，贮藏期继续发展。在贮藏期，如果果实处于高湿环境下，会导致病害加重。此外，苹果苦痘病的发生还受气候、品种和栽培管理等因素的影响。在气候湿润的地区，苹果苦痘病的发生率较高。不同品种对苹果苦痘病的抗性也存在差异。栽培管理方面，如偏施氮肥、修剪过重、果园通风透光不良等因素都可能加重苹果苦痘病的发生。

4. 防治措施

苹果苦痘病是树体生理性缺钙引起的，因此应着重从补钙、促进钙的吸收、增强树体树势三个方面进行防治。

（1）**补钙**：春季或秋季土壤施肥过程中增施钙肥，发病严重的园区，在预防其他病虫害的同时，喷施含有钙离子的叶面肥来增加果实的钙含量。

（2）**促进钙的吸收**：严防偏施和晚施氮肥，避免果园积水和高湿度的环境；及时修剪、疏果，促进光照和空气流通，这些因素均有利于果实对钙元素的吸收。

（3）**增强树体树势**：综合采用施肥、修剪、水分管理、病虫害防治、保持合理的种植密度、改良土壤以及增加生物多样性等管理措施，使树体得到充分的营养，提高抗逆性和适应性，从而增强树势，降低苹果苦痘病发病率。

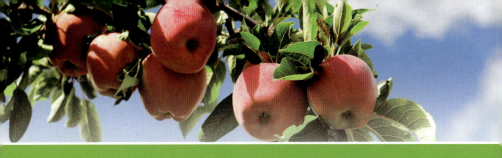

第二部分　苹果常见虫害

第一节　苹果黄蚜

苹果黄蚜（*Aphis citricola*）别名绣线菊蚜、苹果腻虫、苹果蚜，属半翅目蚜科。

1. 形态特征

无翅胎生雌蚜：体长1.4～1.8毫米，长卵圆形，多为黄色，有时黄绿色或绿色。头部、复眼、口器、腹管、尾片均为黑色。触角6节，丝状。

有翅胎生雌蚜：体长1.5毫米，近纺锤形，翅展4.5毫米，翅透明。头、胸、口器、腹管、尾片黑色，腹部淡绿、绿或暗绿色，

苹果黄蚜无翅胎生雌蚜

两侧有黑斑。

卵：椭圆形，初淡黄色，后漆黑色，有光泽。

若蚜：鲜黄色，触角、复眼、腹管和足均为黑色。无翅若蚜体肥大，腹管短。有翅若蚜胸部发达，具翅芽。

苹果黄蚜有翅胎生雌蚜

苹果黄蚜卵

2. 危害症状

以若蚜、成蚜群集于顶端幼嫩叶片背面和新梢嫩芽上刺吸汁液，发生严重时，偶尔也会上果危害。受害叶片初期周缘下卷，之后叶片会下弯或微横卷。当蚜虫布满枝条顶端或嫩叶时，枝条就会出现白色的蜕皮，叶片皱缩不平，影响光合作用，抑制新梢生长。

苹果黄蚜危害新梢症状

苹果黄蚜上果危害

3. 发生规律

一年发生10余代，以卵在小枝条芽痕、芽缝、裂缝内越冬，翌年春季4月下旬芽萌发时开始孵化，5月上旬孵化结束。孵化后集中在嫩芽、梢尖和新叶上发生危害，十几天后即可胎生有翅或无翅蚜，以孤雌胎生方式繁殖。5月中下旬至6月黄蚜繁殖最快，被害叶尖向叶背横卷。7月虫口密度下降，有翅蚜迁飞到其他植物上，8月又迁回苹果秋梢上，10月产生有性蚜，交尾产卵越冬。

4. 防治措施

（1）**农业防治**：增施有机肥，增强树体抗虫能力。

（2）**生物防治**：苹果黄蚜的天敌有草蛉、食蚜蝇、瓢虫等捕食性天敌，以及蚜小蜂、蚜茧蜂等寄生性天敌。在不造成经济损失的前提下，尽量减少化学药剂的使用次数，或使用对天敌影响小的药剂，充分保护和利用天敌。

(3) 化学防治：

防治适期：蚜虫发生始盛期。

科学用药：可选用22%氟啶虫胺腈悬浮剂10 000 ～ 12 000倍液，于蚜虫发生始盛期施药，每季最多使用1次；或者选用36%氟啶·噻虫啉悬浮剂4 000 ～ 6 000倍液，于苹果黄蚜发生初期施药，每季最多使用1次；或者选用60%呋虫胺·氟啶虫酰胺水分散粒剂6 000 ～ 8 000倍液，于苹果黄蚜发生始盛期开始施药，每季最多使用1次；还可选用50克/升双丙环虫酯可分散液剂12 000 ～ 20 000倍液，于发生初期喷雾处理，每季最多用药2次，安全间隔期为21天。

第二节　苹果瘤蚜

苹果瘤蚜（*Myzus malisuctus*）别名苹果卷叶蚜、苹瘤蚜，俗称腻虫、油汗，属半翅目蚜科。

1. 形态特征

无翅胎生雌蚜：体长1.4 ～ 1.6毫米，近纺锤形，暗绿色，头淡黑色，额瘤明显，复眼暗红色，触角黑色，三、四节基半部色淡，胸腹背面均具黑横带；腹管长筒形，末端稍细，具瓦状纹，尾片圆锥形，上生3对细毛。

有翅胎生雌蚜：体长1.5毫米左右，卵圆形，头、胸部黑色，额瘤明显，上生2 ～ 3根黑毛；口器、复眼、触角黑色；触角第三节具次生感觉圈23 ～ 27个，第四节有4 ～ 8个，第五节有0 ～ 2个；翅透明，翅展4毫米左右；腹部绿至暗绿色，腹管和尾片黑褐色，腹管端半部色淡。

卵：长椭圆形，黑绿色而有光泽，长约0.5毫米。

若蚜：无翅若蚜淡绿色，体小似无翅胎生雌蚜；有翅若蚜淡绿色，胸背上具有1对暗色的翅芽。

小的药剂，保护和充分利用天敌。

（2）化学防治：

防治适期：重点抓好越冬卵孵化期（4月中旬）的防治，尽量在叶片未卷曲前进行，后期再结合实际发生情况适当进行喷药防治。

科学用药：可选用37.5%螺虫·噻虫嗪悬浮剂4 000～6 000倍液，于苹果树蚜虫发生始盛期施药，每季最多使用1次；或者选用20%氟啶·吡虫啉水分散粒剂5 000～10 000倍液，于蚜虫发生初盛期时施药，每季最多使用1次；或者选用4%阿维·啶虫脒乳油4 000～5 000倍液，于蚜虫发生始盛期施药，每季最多用药2次；或者选用10%氟啶虫酰胺水分散粒剂2 500～5 000倍液，于蚜虫低龄若虫始盛期用药，每季最多使用2次。

第三节　苹果绵蚜

苹果绵蚜（*Eriosoma lanigerum*）别名苹果棉虫、白毛虫、白絮虫、棉花虫、血色蚜虫，属半翅目瘿绵蚜科。

1. 形态特征

无翅胎生雌蚜：体长1.8～2.2毫米，宽约1.2毫米，椭圆形，暗红褐色；复眼红黑色，有眼瘤；腹部膨大，褐色，腹背具4条纵裂的泌蜡孔，分泌白色蜡质丝状物；喙达后足基节，触角短粗，6节，第六节基部有圆形初生感觉孔。

有翅胎生雌蚜：体长1.7～2.0毫米，翅展6.0～6.5毫米，暗褐色，腹部淡色，触角6节。前翅中脉分2叉，翅脉与翅痣均为棕色。

有性蚜：雌蚜体长约1.0毫米，雄蚜体长约0.7毫米，触角5节，口器退化，体淡黄色或黄绿色。

卵：椭圆形，中间稍细，长约0.5毫米，宽约0.2毫米。初产橙黄色，后变褐色，表面光滑，外被白粉。

若蚜：共4龄，幼龄若虫略呈圆筒状，绵毛很少，喙长超过腹部；四龄若虫体形似成虫，体长0.65～1.45毫米，黄褐至赤褐色，喙细长，向后延伸，体被有白色绵毛状物。

苹果绵蚜无翅胎生雌蚜

2. 危害症状

以成蚜、若蚜密集于苹果背光的枝干、剪锯口、新梢、叶腋、根蘖基部、果柄、萼洼等处吸取汁液，消耗树体营养。树干、枝条和根系被害后逐渐形成瘤状突起，被覆许多白色绵毛状物。嫩梢受害后形成肿瘤，影响养分输送，削弱树势，严重时可使枝条枯死。

苹果绵蚜危害枝条症状

苹果绵蚜危害枝条症状

3.发生规律

一年发生17～18代，以一、二龄若虫（占80%）在树皮裂缝、瘤状虫瘿、腐烂病刮口边缘、其他虫伤、剪锯口处越冬。4月初越冬若虫开始活动，5月上旬开始胎生繁殖，初龄若虫逐渐扩散、迁移至嫩枝叶腋及嫩芽基部发生危害；6月下旬至7月中旬繁殖最快，7月下旬至9月上旬，苹果绵蚜种群数量下降；9月中旬以后，出现第二次盛发期，到11月下旬大量苹果绵蚜开始越冬。苹果绵蚜迁移以一龄若蚜为主，5月上旬进入普遍蔓延阶段，5月底为再次迁移期，6月初为第3次迁移期，6月中旬一龄若蚜即可到达枝梢顶部危害。

4.防治措施

（1）**农业防治**：休眠期结合田间修剪及刮治腐烂病，刮除老粗皮、剪锯口、伤口、伤疤等处的翘皮，剪掉受害枝条上的苹果绵蚜群落，带出果园集中处理；清洁果园，铲除苹果根蘖；合理施肥，提高树体抗虫力。

（2）**生物防治**：苹果绵蚜的天敌有草蛉、食蚜蝇、瓢虫等捕食性天敌，以及蚜小蜂、日光蜂等寄生性天敌。在不造成经济损失的前提下，尽量减少化学药剂的使用次数，或使用对天敌影响小的药剂，充分保护和利用天敌。

（3）**化学防治**：

防治适期：苹果发芽开花前（3月下旬至4月上旬），防治在根部浅土处的越冬苹果绵蚜，是降低虫源基数的最佳时机。绵蚜开始繁殖以后，重点抓住5月上旬若虫扩散前和9月中旬第二次盛发前这两个关键时期。

科学用药：可选用45%毒死蜱乳油1 500～2 000倍液，于苹果绵蚜发生初盛期喷雾防治；也可选用10%氯氰·啶虫脒乳油1 000～2 000倍液，于苹果绵蚜发生始盛期用药，每季最多使用1

次；或者选用20%螺虫·呋虫胺悬浮剂1 000 ～ 2 000倍液，于苹果绵蚜若虫发生始盛期施药，每季最多使用1次。

第四节　苹果全爪螨

苹果全爪螨（*Panonychus ulmi*）别名苹果红蜘蛛，属真螨目叶螨科。

1. 形态特征

成螨：雌成螨体红色，取食后变暗红色，体长0.45毫米左右，圆形，体背隆起，上有13对刚毛；刚毛基部有黄白色瘤状突起，刚毛粗长，向后延伸；足黄白色。雄成螨初蜕皮时为浅橘红色，取食后变为深橘红色，体长0.3毫米左右，尾端较尖，刚毛数目同雌成螨。

卵：葱头形，顶部中央有一短柄，夏卵橘红色，冬卵深红色。

幼螨：足3对；由越冬卵孵化出的第一代幼螨呈淡橘红色，取食后呈暗红色；夏卵孵出的幼螨初孵时为黄色，后变为橘红色或深绿色。

苹果全爪螨卵、成螨

若螨：足4对；有前期若螨与后期若螨之分，前期若螨体色较幼螨深；后期若螨体背毛较为明显，体形似成螨，可分辨出雌雄。

2. 危害症状

以成螨、幼若螨在叶片正、反面刺吸危害，受害叶片初期出现失绿小斑点，后期许多斑点连成斑块，严重时叶片呈现黄褐色、全树叶片苍白或灰白。除受害特别严重外，一般不提早落叶，不吐丝结网，只在营养条件差时雌成螨才吐丝下垂，借风扩大蔓延。

苹果全爪螨危害叶片症状

3. 发生规律

一年发生6～9代，以卵在短果枝或二年生以上的枝条粗糙处越冬。翌年花芽膨大时开始孵化，花蕾变色期（4月下旬至5月初）为孵化盛期，5月中旬出现第一代成螨，第一代夏卵孵化盛期在5月中旬，此后同一世代各虫态并存、世代重叠。7—8月进入危害盛期，8月下旬至9月上旬出现越冬卵，9月中下旬进入高峰。

4. 防治措施

（1）**农业防治**：果树休眠期刮除老皮，重点是刮除主枝分杈以上的老皮；果树萌芽前彻底清除果园枯枝落叶，带出果园集中处理，减少越冬卵。

（2）**生物防治**：苹果全爪螨的自然天敌很多，主要有深点食螨瓢虫、小黑花蝽、捕食螨、草蛉等。尽量减少杀虫剂的使用次数或使用不杀伤天敌的药剂，保护和利用天敌。

（3）**化学防治**：

防治适期：花蕾变色期（4月下旬至5月初）、一代夏卵孵化盛期（5月中旬）。

科学用药：可选用6.78%阿维·哒螨灵乳油2 000～2 500倍液，于害螨发生初期用药，每季最多使用2次；或者选用20%四螨嗪悬浮剂2 000～2 500倍液，于苹果花后3～5天第一代卵孵盛期至初孵幼螨始见期施药，每季最多使用2次；或者选用30%乙唑螨腈悬浮剂3 000～6 000倍液，于低龄若螨始盛期施药，每季最多使用2次；或者选用57%炔螨特乳油1 560～2 350倍液，于害螨发生始盛期用药，每隔21～28天使用1次，每季最多使用3次。

第五节　山楂叶螨

山楂叶螨（*Tetranychus viennensis*）别名山楂红蜘蛛、山楂双叶螨，属蜱螨目叶螨科。

1. 形态特征

成螨：雌成螨卵圆形，前端稍宽，有隆起；有冬、夏型之分，冬型鲜红色，夏型暗红色；夏型体背后半部两侧各有1个大黑斑，足浅黄色。雄成螨体较小,纺锤形,体末端尖削,橙黄色,体背两侧有黑绿色斑纹。

卵:圆球形,春季产的卵呈橙黄色,夏季产的卵呈黄白色。

幼螨:初孵幼螨体圆形、黄白色,取食后为淡绿色,3对足。

若螨:足4对,前期若螨体背开始出现刚毛,两侧有明显墨绿色斑,后期若螨体较大,体形似成螨。

山楂叶螨成螨

2. 危害症状

以成螨、幼若螨群集在叶片、嫩枝、嫩芽上刺吸危害。受害叶片先是出现很多失绿小斑点，随后扩大连成片，严重时全叶焦枯变褐，叶背面拉丝结网，可导致早期落叶，严重抑制了果树生长，甚至造成二次开花，削弱树势，不仅当年果实不能成熟，还影响花芽形成和翌年的产量。

山楂叶螨危害叶片症状

3. 发生规律

一年发生6～9代，以受精雌成螨在树皮裂缝、老翘皮、树干基部土缝、落叶、杂草等处越冬。第二年苹果花芽膨大时开始出蛰危害，花序分离期为出蛰盛期；出蛰后一般多集中于树冠内膛局部发生危害，7～8天开始产卵，盛花前后为产卵高峰；谢花后一周，卵基本孵化完成；从5月下旬起种群数量剧增，逐渐向树冠外围扩散危害；6月中旬至7月中旬是发生危害高峰期；7月下旬以后由于高温、高湿虫口明显下降；9—10月开始出现受精雌成螨越冬。

4.防治措施

（1）**农业防治**：萌芽前刮除翘皮、粗皮，清理园内杂草、落叶，并集中销毁，消灭越冬虫源；雌成螨下树越冬前，在树干、主枝基部绑缚草把，诱集雌成螨越冬，到冬季解下处理，消灭越冬雌螨。

（2）**生物防治**：山楂叶螨的天敌有瓢虫、小花蝽、捕食螨、草蛉、粉蛉等。尽量减少杀虫剂的使用次数或使用不杀伤天敌的药剂，保护和利用天敌。

（3）**化学防治**：

防治适期：苹果展叶至初花期为越冬成虫出蛰盛期，是药剂防治的第一个关键期；谢花后一周为第一代若螨盛期，是第二个防治关键期；6月中旬至7月中旬是发生危害高峰期，这一阶段是全年防治的关键时期。

科学用药：可选用10%四螨·哒螨灵悬浮剂1 500～2 000倍液，于卵孵化盛期及幼、若螨集中发生期施药，每年最多使用2次；或者选用1.8%阿维菌素乳油3 000～6 000倍液，于害螨发生始盛期开始施药，每季最多使用2次；或者选用15%哒螨灵乳油2 250～3 000倍液，于害螨发生初期用药，每季最多用药2次；或者选用13%唑酯·炔螨特水乳剂1 500～2 000倍液，于卵孵化初期或若螨期用药，间隔2～3周使用1次，每季最多使用2次。

第六节　二斑叶螨

二斑叶螨（*Tetranychus urticae*）别名二点叶螨、白蜘蛛，属蜱螨目叶螨科。

1. 形态特征

成螨：体色多变，有4对足。雌成螨一般呈卵圆形，身体两侧通常各有1个黑斑，形成1个横向的"山"字形纹。夏秋季，二斑叶螨的体色通常呈黄绿色或绿色，随着时间的推移，橙红色个体的数量逐渐增加，为滞育越冬的雌成螨。雄成螨较雌成螨略小，一般呈菱形，体末端尖削，浅绿色，后黄绿色。

卵：圆球形，有光泽。初产时无色，后逐渐变为淡黄色，孵化前出现2个红色眼点。

幼螨：半球形。初孵时，体表呈无色透明状，取食后变为淡黄绿色，眼红色。1～3天后静止蜕皮，开始进入第1若螨期。

若螨：椭圆形，体色较幼螨稍深，为黄绿或墨绿色，眼红色，足4对，移动速度快。

二斑叶螨成螨

2. 危害症状

以幼若螨、成螨群聚在叶片背面，少数在叶片正面刺吸危害，导致叶肉细胞失水、坏死。初期，被害叶片表面会出现细微的苍白色斑点，之后会导致全叶变为褐色并焦枯直至脱落。二斑叶螨具有很强的吐丝结网集合栖息特性，有时其吐丝结网可将全叶覆盖，甚至可以通过细丝将叶片、植株间相连，经过细丝爬行扩散。

二斑叶螨危害叶片症状

3. 发生规律

一年发生12代，以受精雌成螨在树皮裂缝、树干翘皮、果树根际周围土缝、落叶、杂草等处越冬。3月下旬至4月中旬，气温到达10℃以上时开始出蛰并产卵，成虫开始产卵至第一代幼虫孵化盛期需20～30天，4月底至5月初为第一代幼螨孵化盛期，以后世代重叠。随着气温的升高，其繁殖也加快，先在树下阔叶杂草和果树根蘖取食、滋生，此后再上树危害，早期多集中在果树内膛，逐步向外围扩散，6月以前种群密度较低，7月初进入发生高峰期。9月气温下降后虫口密度也随之下降，10月开始出现越冬雌成螨。二斑叶螨繁殖率高，食性杂，抗药性强，防治困难，应引起重视。

4.防治措施

（1）**农业防治：** 果树萌芽前刮除翘皮、粗皮，清理园内杂草、落叶，并集中销毁，消灭越冬虫源；雌成螨下树越冬前，在树干、主枝基部绑缚草把，诱集雌成螨越冬，到冬季解下处理，消灭越冬雌螨。

（2）**生物防治：** 二斑叶螨的天敌有瓢虫、小花蝽、草蛉、塔六点蓟马、小黑隐翅虫等，还有小枕绒螨、拟长毛纯绥螨、东方纯绥螨、芬兰纯绥螨等捕食螨，尽量减少杀虫剂的使用次数或使用不杀伤天敌的药剂，保护和利用天敌。

（3）**化学防治：**

防治适期：根据发生规律，全年有3个防治关键期，越冬成螨出蛰期、第一代幼螨孵化盛期、7月初扩散危害初期。

科学用药：可选用5%阿维·哒螨灵乳油1 000～2 000倍液，于二斑叶螨若螨高峰期施药，每10天左右施药1次，每季最多使用2次；或者选用30%四螨·联苯肼悬浮剂2 000～3 000倍液，于害螨发生初期施药，每季最多使用2次；或者选用20%唑螨·三唑锡悬浮剂2 500～3 500倍液，于二斑叶螨盛发初期施药，每季最多使用2次；或者选用22%噻酮·炔螨特乳油800～1 600倍液，于二斑叶螨发生初期使用，每季最多使用2次；或者选用16.8%阿维·三唑锡可湿性粉剂1 500～2 000倍液，在7月中旬以前平均每叶有虫4～5头时用药，在7月以后平均每叶有虫7～8头时用药，每季最多使用2次；或者选用30%腈吡螨酯悬浮剂2 000～3 000倍液，于二斑叶螨发生始盛期施药，每季最多使用2次。

第七节　桃小食心虫

桃小食心虫（*Carposina sasakii*）别名桃蛀果蛾、桃蛀虫、桃小食蛾、桃姬食心虫，属鳞翅目蛀果蛾科。

1. 形态特征

成虫：雌虫体长7～8毫米，翅展16～18毫米；雄虫体长5～6毫米，翅展13～15毫米，体白灰至灰褐色，复眼红褐色。雌虫唇须较长向前直伸，雄虫唇须较短并向上翘。前翅中部近前缘处有近似三角形蓝灰色大斑，近基部和中部有7～8簇黄褐色或蓝褐色斜立的鳞片。后翅灰色，缘毛长，浅灰色。翅缰雄1根，雌2根。

卵：椭圆形或桶形，初产橙红色，渐变深红色，近孵化时顶部显现幼虫黑色头壳，呈黑点状。卵顶部环生2～3圈Y状刺毛，卵壳表面具不规则多角形网状刻纹。

幼虫：体长13～16毫米，桃红色，腹部色淡，无臀栉，头黄褐色，前胸盾黄褐至深褐色，臀板黄褐或粉红色。

蛹：蛹长6.5～8.6毫米，刚化蛹时黄白色，近羽化时灰黑色，翅、足和触角端部游离，蛹壁光滑无刺。茧分冬、夏两型，冬茧扁圆形，直径6毫米左右，长2～3毫米，茧丝紧密，包被老龄休眠幼虫；夏茧长纺锤形，长7.8～13毫米，茧丝松散，包被蛹体，一端有羽化孔。两种茧外表沾着土沙粒。

桃小食心虫成虫

桃小食心虫幼虫

2. 危害症状

以幼虫蛀果危害。幼虫孵化后蛀入果实，蛀孔较小，只有针尖大小，蛀孔处溢出泪珠状果胶，果胶初期透明白色，后逐渐干涸，呈白色蜡粉状附着在果面上。幼虫啃食果肉、纵横窜食，导致果实膨大受到限制，果实表面凹凸不平，形成"猴头果"。若果

桃小食心虫危害果实症状

桃小食心虫危害果实症状

实受害发生在后期，虽然果形保持不变，但果肉被啃食一空，果内堆满虫粪，形成"豆沙馅"。幼虫老熟后，在果面咬一圆形孔脱果爬出，落地入土，被害果大多脱落。

3.发生规律

一年发生2代，部分个体发生1代，以老熟幼虫在土壤中做扁圆形"冬茧"越冬。多数分布在树干周围1米范围、5～10厘米深的表土中，5月中下旬开始破茧出土，6月上中旬为出土盛期，爬行数小时后，当天做纺锤形夏茧化蛹。从幼虫出土到成虫羽化需14～18天，越冬代成虫发生高峰在6月下旬至7月上旬，8月中旬继续发生；第一代幼虫孵化盛期在6月下旬至7月中旬，第二代成虫高峰发生在8月下旬至9月上旬，第二代幼虫孵化高峰为9月上中旬，9月下旬为脱果入土高峰。

4.防治措施

（1）农业防治：果实受害后及时摘除树上的虫果、清除地面落地虫果；在成虫产卵前对果实进行套袋保护。

（2）生物防治：成虫发生期，于果园内悬挂性诱剂诱捕器诱杀雄成虫。

保护利用天敌：桃小食心虫的天敌有草蛉、步甲、蜘蛛等捕食性天敌，还有桃小早腹茧蜂、中国齿腿姬蜂等寄生性天敌，尽量减少杀虫剂的使用次数或使用不杀伤天敌的药剂，保护好天敌，以控制桃小食心虫的发生。

（3）化学防治：

防治适期：幼虫孵化盛期6月下旬至7月中旬、9月上中旬是防治的关键时期。

科学用药：可选用35％氯虫苯甲酰胺水分散粒剂7 000～10 000倍液，于成虫产卵至卵孵高峰期喷雾施药1次，每季最多使用1次；或者选用12％溴氰·噻虫嗪悬浮剂1 450～2 400倍液，间隔10天左右施药1次，每季最多使用3次；或者选用6％阿维·氯苯酰悬浮剂3 000～4 000倍液，在卵孵化盛期至低龄幼虫蛀果前叶面喷雾，每季最多施药2次；或者选用200克/升四唑虫酰胺悬浮剂5 000 ~ 7 000倍液，于卵孵盛期至低龄幼虫始发期喷雾施药，每隔14天使用1次，每季最多施药2次；或者选用20%甲氰菊酯乳油2 000 ~ 3 000倍液，于低龄幼虫期施药，每季最多施药3次。

第八节　苹小卷叶蛾

苹小卷叶蛾（*Adoxophyes orana*）别名苹卷蛾、黄小卷叶蛾、溜皮虫、苹褐带卷蛾、棉褐带卷蛾、茶小卷蛾，属鳞翅目卷蛾科。

1. 形态特征

成虫：体长6 ~ 8毫米，体黄褐色，静止时呈钟罩形，触角丝状；前翅略呈长方形，前翅的前缘向后缘和外缘角有两条浓褐色斜纹，其中1条自前缘向后缘达到翅中央部分时明显加宽，前翅后缘肩角处及前缘近顶角处各有一小的褐色纹；后翅淡黄褐色，微灰色；腹部淡黄褐色，背面色暗。

卵：扁平椭圆形，淡黄色半透明，孵化前黑褐色，数十粒排成鱼鳞状卵块。

幼虫：身体细长，低龄幼虫黄绿色，高龄幼虫翠绿色；头小，淡黄色，单眼区上方有一棕褐色斑；前胸盾和臀板与体色相似或淡黄色。

蛹：较细长，初绿色，后变黄褐色。

2. 危害症状

以幼虫危害果树的芽、叶、花和果实，小幼虫常将嫩叶边缘卷曲，以后吐丝缀合嫩叶；大幼虫常将2 ~ 3片叶平贴，或将叶片食成孔洞或缺刻，将果实啃成许多不规则的小坑洼。此外，该虫

苹小卷叶蛾成虫

苹小卷叶蛾幼虫

还能潜伏于叶与果或果与果相接之处啃食危害，不仅造成叶片畸形、缺损，抑制枝条正常生长，还可危害果实，发生严重时1头幼虫可转果危害6～8个苹果，严重影响树体生长和果实品质。

苹小卷叶蛾危害新梢症状

3.发生规律

一年发生3～4代，以低龄幼虫潜藏在老翘皮下、剪锯口、树杈缝隙中、枯叶与枝条贴合处等场所结小白茧越冬。翌年春季，苹果花芽开绽时越冬幼虫开始出蛰，出蛰盛期为4月中下旬，出蛰后的幼虫危害幼芽、嫩叶、花蕾、花苞，受害后的芽枯死，影响坐果。越冬代成虫羽化期在5月上旬至6月上旬，5月下旬为第一代幼虫盛发期，第一代成虫羽化期在6月下旬至7月下旬；7月上旬为第二代幼虫盛发期，第二代成虫羽化期在8月中旬至9月下旬；8月下旬为第三代幼虫盛发期。

4.防治措施

（1）农业防治：果树休眠期刮除老、翘皮，减少越冬幼虫数量；生长期及时摘除虫苞。

（2）生物防治：成虫发生期，于果园内悬挂性诱剂诱捕器诱杀雄成虫。

（3）化学防治：

防治适期：第1次在苹果花蕾露红期施药，第2次在苹果谢花后立即施药。

科学用药：可选用14%氯虫·高氯氟微囊悬浮-悬浮剂3 000～4 000倍液，于卵孵盛期至低龄幼虫期喷雾施药1次，每季最多使用2次；或者选用25%氯虫·啶虫脒可分散油悬浮剂3 000～4 000倍液，卵孵盛期至低龄幼虫期施药，每隔7天左右施药1次，每季最多使用2次；或者选用20%甲维·除虫脲悬浮剂2 000～3 000倍液，于卵孵化盛期施药，每季最多使用3次；或者选用16%啶虫·氟酰脲乳油1 000～2 000倍液，于卵孵化盛期至低龄幼虫时喷雾，每隔10～15天施药1次，连续使用1～2次，每季最多用药2次；或者选用240克/升甲氧虫酰肼悬浮剂3 000～5 000倍液，在新梢抽发时低龄幼虫期施药，间隔7天施药1次，连续使用1～2次，每季最多使用2次。

第九节　金纹细蛾

金纹细蛾（*Lithocolletis ringoniella*）别名苹果细蛾、潜叶蛾，属鳞翅目细蛾科。

1.形态特征

成虫：体长2.5～3毫米，金黄色，头顶有银白色鳞毛，前翅狭长，基部有3条银白色的纵带，翅端前部前缘有3个银白色爪状纹，后缘有1个三角形白斑，后翅狭长，尖细，灰褐色，缘毛甚长。

卵：扁椭圆形，乳白色，半透明，后变为暗褐色。

幼虫：体长6毫米左右，扁平，细纺锤形，淡黄绿色至黄色。

蛹：长4毫米左右，体梭形，黄褐色。

金纹细蛾成虫

金纹细蛾幼虫

2.危害症状

　　以幼虫潜叶危害叶片，其成虫将卵单粒散产在叶片侧脉上。幼虫孵化后从卵底直接钻入叶片内取食叶肉，造成叶肉与叶表皮的分离，形成椭圆形虫斑，虫斑内有黑色虫粪；叶正面虫斑隆起呈屋脊状，出现许多网眼状的白色斑点。后期虫斑干枯，有时脱落，形成穿孔。

金纹细蛾危害叶片正面症状

金纹细蛾危害叶片背面症状

3. 发生规律

一年发生5代，以蛹在被害落叶中越冬，翌年苹果树发芽前开始羽化，到4月下旬达到高峰。越冬代成虫先在树冠下萌生的根蘖苗叶片上产卵，苹果展叶后，集中在嫩叶背面产卵。以后各代成虫的发生期分别为：第一代6月上旬，第二代7月中旬，第三代8月，第四代9月下旬，最后一代幼虫于11月上中旬在叶片内化蛹越冬。

4. 防治措施

（1）农业防治：秋季果树落叶后，清扫枯枝落叶，集中深埋，消灭落叶中的越冬蛹。

（2）生物防治：成虫发生期，于果园内悬挂性诱剂诱捕器诱杀雄成虫。

保护和利用天敌：金纹细蛾的寄生性天敌有跳小蜂、姬小蜂等，尽量减少杀虫剂的使用次数或使用不杀伤天敌的药剂，保护好天敌，能消灭部分虫卵。

（3）化学防治：

防治适期：除抓好越冬代幼虫的防治外，第一、二代幼虫发生期比较整齐，是全年防治的关键时期。

科学用药：可选用30%哒螨·灭幼脲可湿性粉剂1 500～2 000倍液，于金纹细蛾初发期开始用药，视虫害发生情况，每隔7～10天使用1次，每季最多使用2次；或者选用30%阿维·灭幼脲悬浮剂2 000～3 000倍液，于金纹细蛾幼虫发生高峰期用药，每季最多使用2次；或者选用20%甲维·除虫脲悬浮剂2 000～3 000倍液，在卵孵化盛期使用，每季最多使用3次；或者选用35%氯虫苯甲酰胺水分散粒剂17 500～25 000倍液，于金纹细蛾成虫发生高峰或产卵高峰期施药1次，每季最多使用1次；或者选用240克/升虫螨腈悬浮剂4 000～5 000倍液，在卵孵化盛期施药，间隔7～10天施药一次，每季最多使用2次。

第十节　绿　盲　蝽

绿盲蝽是绿后丽盲蝽（*Apolygus lucorum*）的俗称，别名花叶虫、小臭虫，属半翅目盲蝽科。

1. 形态特征

成虫：体长5～6毫米，宽2～3毫米，全身为绿色，头部宽短，呈三角形，复眼为黑色，触角总长度短于身体长度，刺吸式口器，喙分为4节，尖端呈黑色，前胸背板、小盾牌、前翅革片、爪片均为绿色，翅膜区呈暗褐色，足绿色，爪2个，黑色。羽化初期雌雄成虫生殖器官均与体色一致，待性成熟后颜色逐渐加深，

绿盲蝽成虫

肉眼可明确区分雌、雄成虫。

卵：细长，有白色卵盖。长约1毫米，宽约0.3毫米，中部略有弯曲，底部钝圆，顶部较底部略细，卵盖两端凸起，中间略有凹陷，卵常产于植物组织内部，仅留卵盖处暴露在外。

绿盲蝽卵

若虫：共有5个龄期，体形呈梨形，绿色，头部呈三角形，眼小，位于头部两侧；触角4节，喙4节，腹部10节，臭腺位于腹部第三节，呈横缝状；附节2节，端部为黑色，爪2个，呈黑色。初孵若虫绿色，复眼桃红色，二龄黄褐色，三龄出现翅芽，四龄翅芽超过第一腹节，五龄翅芽超过第三腹节。

绿盲蝽若虫

2. 危害症状

以成虫、若虫刺吸危害苹果新梢、嫩叶、花蕾、幼果等幼嫩组织和器官，苹果幼叶受害初期出现红褐色小斑点，逐渐褪绿为

绿盲蝽危害叶片症状

绿盲蝽危害新梢症状

绿盲蝽危害幼果症状

绿盲蝽危害果实症状

黄褐色至红褐色的小斑，部分形成孔洞；被害花蕾上出现细小的水珠，随后水珠变为乳白色，被害花瓣上出现针刺状小点，造成开花不整齐；幼果受害后，以刺吸孔为中心形成褐色斑点并造成果面凹凸不平，果肉木栓化，随着果实的膨大，果面上形成数个锈斑，严重时锈斑连成片状，形成"猴头果"。

3. 危害规律

　　绿盲蝽在黄河流域和长江流域一般一年发生5代，以卵在苹果芽鳞内越冬。4月越冬卵开始孵化，4月下旬为孵化高峰，一代成虫羽化高峰期在5月中下旬；二代若虫孵化高峰在5月下旬至6月上旬，二代成虫羽化高峰在6月中下旬，羽化后大部分开始迁出果园，转移至其他幼嫩寄主植物上继续危害；三代成虫7月下旬至8月上旬羽化，四代成虫于9月初羽化；五代成虫9月下旬至10月初羽化，羽化后开始回迁至果园产卵越冬。

4. 防治措施

（1）**农业防治**：合理施肥，控制氮肥过量使用；结合春季疏果，剪除受害果，带出果园集中处理。

（2）**生物防治**：绿盲蝽成虫发生期，在果园内悬挂放有绿盲蝽性诱剂的桶形诱捕器，诱集绿盲蝽雄虫。

保护利用天敌：绿盲蝽的天敌有很多，包括卵寄生蜂、花蝽、草蛉、姬猎蝽、蜘蛛等，尽量减少杀虫剂的使用次数或使用不杀伤天敌的药剂，保护好这些天敌，能很好地控制绿盲蝽的发生。

（3）**化学防治**：

防治适期：根据绿盲蝽发生规律，二代成虫迁出果园，且一、二代若虫发生期比较整齐，后面世代重叠严重，因此化学防治重点抓住一代若虫（4月下旬至5月）、二代若虫（5月下旬至6月上旬）这两个关键期。

科学用药：可参考对刺吸式口器害虫的防治，选用4%阿维·啶虫脒乳油3 000～5 000倍液兑水喷雾，每季最多施药1次；或者选用22%氟啶虫胺腈悬浮剂1 000～1 500倍液，每季最多使用1次；或者选用25克/升溴氰菊酯乳油2 500～5 000倍液，每季最多使用3次。

第三部分　苹果病虫害防治农药安全使用

第一节　农药的储存、使用规则

农药是苹果生产中不可或缺的生产资料，对提高苹果产量、改善果品品质发挥了重要作用。但是农药的错误使用和储存可能会对人类健康、生态环境造成危害，因此，了解农药的储存和使用方法，对最大限度降低农药的负面影响具有重要意义。

1. 农药的储存

正确储存农药是苹果安全生产的重要环节。掌握农药储存的基本知识，对避免农药失效和意外事件具有重要意义。

（1）**按照农药标签，尽量减少储存量和储存时间**：存放时应有完整无损的包装和标签，及时处理掉包装破损或无标签的农药。农药应根据实际需求量购买，避免长期存放导致变质和安全隐患。

（2）**密封和保持干燥**：如果药品未用完，不得转移到其他包装中，密封好后置于干燥阴凉处储存，严防储存场所漏雨飘雪，经常通风换气，保持相对湿度在75%以下。若可湿性粉剂、粉剂等剂型农药密封不好，吸湿后可结块导致失效；乳油、水乳剂等剂型的农药储存不当易挥发失效，且污染空气。

（3）**保持温度和避光**：大多数粉剂农药温度越高，越易分解、挥发，甚至燃烧爆炸；高温时，一些乳剂农药的乳化性能也易被破坏，药效降低；低温时，一些瓶装液体农药易结冰，致使包装破损，对于此类农药应保持室内温度在1℃以上。尽量避免阳光直接照射，如辛硫磷等农药怕光照，长期见光曝晒，会引起农药快速分解。

（4）**储存在安全、合适的场所**：农药不能与豆类、种子和蔬菜等同室存放；禁止在储存农药的场所存放对农药质量有影响、对防火有碍的物质；油剂、烟熏剂等剂型的农药不能和易燃易爆物品放在一起，更不能存放在人畜活动的场所附近，特别要防止小孩接触，以免事故发生。

（5）**分类存放**：不同农药应根据自身特点分开储存。碱性、酸性和中性三种不同性质的农药，应隔开存放，距离保持在50厘米以上，以避免不同性质的农药间相互影响导致变质失效；农药不可混装在同一容器中，防止失效；高毒、剧毒农药应存放在隔离的、能上锁的单间（或专箱）内，并保持通风换气，闪点低于61℃的易燃农药应用难燃材料与其他农药分隔；不同包装农药应分类存放，远离电源，垛码稳固，不宜过高，应有防渗防潮垫。

2. 农药的使用

为了指导苹果园作业人员合理使用农药，保证农药正常发挥作用，最大限度地减少农药浪费、人畜危害和环境污染，应注意以下几个方面：

（1）**正确合理选择农药**：要根据苹果病虫害发生情况选择农药，做到对症用药，避免盲目用药。例如，啃食叶片的苹小卷叶蛾等害虫可用胃毒作用的农药；刺吸汁液的害虫宜选用内吸性药剂，例如苹果黄蚜等。当防治对象可用几种农药时，首先应选用毒性最低的农药品种；在农药毒性相当的情况下，应选用低残留的农药品种。农药一般具有有效期，建议在有效期内使用。

（2）**合理确定农药使用适期**：应根据当地农业农村部门的预

测预报和田间生产经验来确定不同苹果园病虫害的防治适期，以取得最为理想的防效。绝大多数病虫害在发生初期症状很轻，如果发生大面积暴发，即使多次用药，损失也很难挽回。因此，多数杀菌、杀虫剂并非效果不好，而是错过了最佳使用时间。不同农药具有不同的安全间隔期，使用时须按农药标签规定执行。

（3）**农药配制**：配药时要戴胶皮手套，要准确用量具称量药剂和兑水量，先配成母液，再进行稀释。配药应选择在远离水源的地方。

（4）**农药使用注意事项**：

注意轮换用药。再好的农药品种也不能长期连续使用，在同一地区长期单一使用某一种农药，会引起防治效果下降，抗药性产生，正确的做法是轮换使用不同种类的农药。

把握好用药量、用水量。一些农民朋友在使用农药时，为减少工作量，往往多加药少用水。其实，在农药有效浓度内，效果好坏主要取决于药液的覆盖度，在喷施杀虫、杀菌剂时，充足的用水量十分必要，因为虫卵、病菌多集中于叶背面、邻近根系的土壤中，如果施药时用水量少，就很难做到整株喷透，死角中的残卵、残菌很容易再次暴发。一味加大农药使用浓度会强化病菌、害虫的耐药性，超过安全浓度还易发生药害。因此，单纯提高药液浓度，往往适得其反。

看天气施药。刮大风、下雨、有露水和高温烈日下均不能喷药，严防农药飘移对邻近其他作物引起药害。

做好安全防护。施药中，作业人员要穿戴必要的防护服、口罩等防护用具；不得用手擦抹眼、面和嘴；要站在上风向、单行施药，不得同行两边同时施药；施药后及时更换衣服，清洗身体；喷药时喷雾器械发生堵塞，应先用清水冲洗，再排除故障，禁止用嘴吹吸喷头和滤网。

喷施后的处理工作。及时清洗喷雾器械，清洗器械的污水不得随地泼洒，应选择安全地点妥善处理，应远离河流等水源地；农药的包装物不能盛放食品和饲料，要集中妥善处理。

第二节　农药中毒及解救办法

农药毒性是指使人和动物中毒的农药浓度或剂量大小。农药可通过呼吸道、皮肤、消化道进入人体内而引起中毒。

1. 农药的中毒

在接触农药的过程中，如果农药进入人体的量超过了正常人的最大耐受量，使人的正常生理功能受到影响，出现生理失调、病理改变等一系列中毒临床表现，就是农药中毒现象。

（1）**农药中毒类型**：根据农药品种、进入人体的剂量、进入途径的不同，农药中毒的程度有所不同，有的仅仅引起局部损害，有的可能影响整个机体，严重时甚至危及生命，一般可分为轻、中、重三个级别。以中毒的快慢主要分为急性（包括亚急性）和慢性中毒。

（2）**中毒症状**：由于不同农药的中毒作用机制不同，中毒症状也有所不同，一般主要表现为头痛、头昏、全身不适、恶心、呕吐、呼吸障碍、休克昏迷、痉挛、烦躁不安、疼痛、肺水肿、脑水肿等。

2. 农药中毒的解救方法

一旦发生农药中毒事件，应立即采取措施进行救治。

如果将农药溅入眼睛内或皮肤上，应及时用大量干净、清凉的水冲洗数次，严重时携带农药标签前往医院就诊。如果出现头痛、头昏、恶心、呕吐等农药中毒症状，应立即停止作业，离开施药现场，脱掉污染衣服，严重时携带农药标签前往医院就诊。

农药由口进入引发的中毒，要立即催吐，并前往就近医院治疗。

第三节　农药药害

　　农药药害主要是指因药剂浓度过大、用量过多、使用不当或对药剂过敏等对作物产生的伤害。药害可分为急性和慢性两种。急性药害在喷药后几小时至数日内即表现出来，如叶面（果实）出现斑点、黄化、失绿、枯萎、卷叶、落叶、落果、缩节簇生等。慢性药害则经过较长一段时间才表现出来，如光合作用减弱、花芽形成及果实成熟延迟、矮化畸形、风味色泽恶化等。作物药害是当前农业生产中的一项棘手问题，尤其在苹果等农药用量大的作物上表现得更为突出。为了有效控制苹果发生药害，确保用药安全，下面列出了苹果易发生的药害、预防要点和补救措施。

1.苹果园易发生的药害

　　（1）与波尔多液相关的药害：当波尔多液中的石灰低于倍量式波尔多液时，对苹果易产生药害。配制波尔多液时，必须先配制硫酸铜液和石灰液，同时倒入容器内，或将硫酸铜液慢慢倒入石灰液中，并不断搅拌。绝不可颠倒顺序，否则配制的波尔多液易发生沉淀，降低药效，甚至产生药害。石硫合剂和波尔多液混合后，在苹果树上同时作用最易发生药害。因此喷石硫合剂10天后方可喷波尔多液，喷波尔多液30天内应避免喷石硫合剂。波尔多液不宜在幼果期使用，因铜离子刺激果皮细胞可导致果皮木栓化，在雨水多的年份，也是造成果锈严重的重要原因之一。果实临近成熟时不宜使用波尔多液，否则影响果实外观品质。

　　（2）环境因素产生的药害：在过于干旱、温度过高的环境中给苹果喷施农药，易产生药害。这是因为温度高，水分散发快，喷施的农药浓度迅速变大，同时树体吸收药液快，新陈代谢强，树体抵抗力弱。

2. 苹果药害预防要点

购买农药时务必掌握各种农药的自身特性，仔细阅读农药标签，严格按照标签要求进行配制和使用。

严格按照标签规定浓度或单位面积用量使用，严格限制在登记作物上用药，不得随意加大用量。

农药的最佳喷施时间为上午10时以前和下午4时以后。

掌握农药的使用适期、安全间隔期，避免药害和人畜中毒事件的发生。

3. 药害的补救措施

（1）喷施高锰酸钾：高锰酸钾是一种强氧化剂，对多种化学物质都具有氧化分解作用。喷施高锰酸钾溶液6 000倍液，能一定程度上缓解药害。

（2）用清水冲洗：多数化学药剂均不耐水冲洗，如果施药浓度过大，要用清水朝果树叶片反复喷洗，以冲刷残留在叶片表面的药剂。

（3）暂停使用同类农药：在药害尚未完全解除之前，尽量减少农药使用，特别是同类农药，以免加重药害。

（4）紧跟施肥水：果树发生药害后，要结合浇水补充一些速效化肥，并接着中耕松土，可促进果树尽快恢复正常生长发育。同时，叶面喷施0.3%～0.5%尿素、0.2%～0.3%磷酸二氢钾以改善果树营养状况，增强根系吸收能力。

第四节　农药混合使用

多数农药防治谱一般仅针对一种或几种病虫害发挥作用，而作物生长期内往往同时发生不同种类的病虫害。将2种或2种以上的农药混合使用，一是具有事半功倍的效果，一次用药可防治多种同时发生的病虫害；二是降低农药单剂的使用剂量，减少对天敌和环境的危害；三是可延长农药品种的使用寿命，延缓抗药性的产生；四是拓宽防治谱，不同农药间取长补短，提高防效或延长防治间隔期。农药的混合使用应注意以下几点：

（1）**混合后无不良反应，均能保持正常的物理状态，不发生药害**：有些农药之间不可混用。例如，杀菌剂不能与微生物农药混用，许多杀菌剂对微生物有杀伤作用；酸性农药（大部分农药品种）与碱性农药（如碱式硫酸铜）不能混用。

（2）**选择不同作用方式、不同作用靶标的农药混用**：内吸性杀菌剂与保护性杀菌剂混合使用，既可利用内吸性杀菌剂控制进入果实或叶片内的病菌，又可利用保护性杀菌剂控制果实或叶片外部的病菌。例如，在苹果谢花后至套袋前一般需要喷2～3遍杀菌剂，可使用多菌灵与代森锰锌混用，或选用多·锰锌复配剂，或吡唑醚菌酯与代森联混用，可防治并行发生的苹果轮纹病和苹果斑点落叶病，达到同时保果保叶的作用。但如果该阶段选择代森锰锌与多抗霉素混用，或甲基硫菌灵与多菌灵混用，均是不推荐的，前者对侵入果实内的轮纹病菌不起作用，后者均为防治轮纹病的杀菌剂，对防治斑点落叶病没有效果且作用方式相似。

具有杀虫与杀卵作用的药剂混用。不同农药对不同靶标表现的防效有所区别。有些农药对害虫幼虫（螨）具有显著效果，有些对卵具有显著效果，若想取得较好的防效，需合理搭配使用。比如苹果叶螨发生时既有若螨、成螨也有卵，阿维菌素对成螨或若螨防效好，但对卵无效；四螨嗪对卵和若螨有效，其缺陷是作用较慢，一般用药后2周才能达到最高防效，对成螨效果差。混用后两者取长补短，可取得理想的防效。

杀虫（螨）剂与杀菌剂混用。杀虫（螨）剂与杀菌剂混用时，必须明确混用后的稳定性，避免负面作用的发生，一般须随配随用。比如，三唑锡与波尔多液混用可降低药效；多菌灵可与一般杀虫（螨）剂混用，但混用时须随混随用。

第五节　延缓病虫害抗药性

在苹果生产过程中，增加农药的用量、施药次数，会加重病虫害抗药性的发展，致使农药防效降低，需采取相应措施避免或延缓抗药性的产生。主要措施如下：

（1）**轮换用药**：在苹果园中不可长期连续使用单一作用位点或具有交互抗性的农药，可将不同作用机制的农药或将单一位点和多位点农药制剂轮换使用。既能提高防效，还能延长某些优良农药的使用年限。

（2）**混用农药**：将2种或2种以上作用方式和机制不同的农药制剂混合使用，可避免或减缓病虫抗药性的产生和发展。

（3）**提高施药质量**：包括施药时期、使用浓度或剂量、施药方法、使用次数等。农药施药时期要合适，一般要在病虫发生的敏感期或幼、若虫期喷施，既能取得较高的防效，又能避免和延缓抗药性的产生。农药在田间的不均匀分布也是抗药性形成的一个重要原因，所以一定要注意用药技术，这也是避免和延缓抗药性产生的重要途径。

第六节　植保无人机施用农药

随着农业科技的不断发展，农业智能化和机械化水平显著提高，目前植保无人机已经广泛应用于作物病虫害防治。在苹果园应用植保无人机，能够显著提高作业效率。植保无人机施药时，应注意以下几点：

（1）**施药环境条件**：使用植保无人机施药防治苹果病虫害时，作业区域应在禁飞区域以外，距离水源地、居民区、人畜活动场所应不少于200米。施药作业应在适宜的气象条件下进行，适宜的温度为15～35℃，空气相对湿度为40%～90%，在6小时内无降雨。当风速≥4米/秒时，应采取必要的飞行安全和抗飘移措施；风速≥5米/秒时，应停止作业。

（2）**药剂选择**：应选择高效、低毒、低残留、对环境和天敌友好的农药。需要注意的是不能选用人工自配的石硫合剂及波尔多液类药剂，所选用的药剂在稀释或者混配后不能产生沉淀，不发生相互反应。

（3）**药液配制**：采用二次稀释法配制药液，农药混配按照可湿性粉剂、水分散粒剂、悬浮剂、微乳剂、水乳剂、水剂、乳油的顺序依次加入，每加入一种药剂后需搅拌混匀，然后再加入另一种药剂。

（4）**施药工作**：应根据果树大小、类型、种植密度、生育时期等选择合适的药液量。根据树龄、树势、地形地貌等确定作业高度。

References
主要参考文献

车升国,唐继伟,冯俊青,等,2021.黄泛平原区苹果干腐病发生与防治[J].果农之友(5): 37-38.

陈川,安克江,杨美霞,等,2017.苹果苹小卷叶蛾成虫发生规律的观察[J].中国农学通报,33(13): 129-132.

陈吉慧,2010.苹果瘤蚜的发生规律与综合防治技术[J].农技服务,27(1): 52,72.

陈敏,梁玲杰,刁福海,等,2023.75g/L阿维菌素·双丙环虫酯可分散液剂对苹果黄蚜的田间药效评价[J].农药,62(7): 534-536.

陈敏,栾炳辉,刘保友,等,2023.苹果病虫害绿色防控技术研究进展[J].落叶果树,55(1): 64-67.

董向丽,李海燕,孙丽娟,等,2013.苹果锈病防治药剂筛选及施药适期研究[J].植物保护,39(2): 174-179.

董小圆,张团委,2021.苹果轮纹病发生规律与系统化防控[J].西北园艺(果树)(2): 31-33.

符丹丹,张红梅,孙建瑞,等,2018.中国北方苹果炭疽病病原菌遗传多样性的ISSR分析[J].北方园艺(13): 16-24.

高峰,王磊,冷鹏,等,2019.苹果炭疽叶枯病发生规律及综合防控技术[J].农业科技通讯(6): 342-345.

郭对田,刘保友,栾炳辉,等,2020.苹果枝干轮纹病的有效防治技术研究[J].落叶果树,52(6): 54-57.

韩旸,吴京城,庞秋凌,等,2023.我国二斑叶螨发生及防控研究概况[J].农药,62(4): 235-239,251.

胡静宜,2023.苹果树腐烂病的发生与防治[J].果树资源学报,4(1): 70-72.

黄园, 2012. 苹果褐斑病病原多样性及品种抗病性鉴定研究 [D]. 杨凌: 西北农林科技大学.

简成志, 乔宪凤, 苏莎, 等, 2022. 金纹细蛾生物学特性及防治进展 [J]. 陕西农业科学, 68(3): 95-99.

姜莉, 项颖颖, 张鹰, 等, 2023. 浅谈苹果斑点落叶病的发生与防治措施 [J]. 果农之友 (9): 64-66.

姜秋, 2020. 苹果炭疽病鉴定和化学药剂筛选及 MIR390 抗病功能研究 [D]. 沈阳: 沈阳农业大学.

康林, 曹引婷, 2023. 苹果褐斑病防治时机预判与药剂防控建议 [J]. 西北园艺 (果树)(3): 22-23.

李国平, 刘苹苹, 周蔚, 2006. 农药产品贮存稳定性 [J]. 农药科学与管理, 27(5): 46-48.

李建明, 王金鑫, 黄晶淼, 等, 2022. 苹果黄蚜综合防控技术规程 [J]. 河北果树 (4): 33-34, 36.

李丽莉, 门兴元, 于毅, 等, 2022. 果园绿盲蝽的识别与绿色防控 [J]. 落叶果树, 54(5): 65-67.

李志伟, 2023. 不同苹果品种对轮纹病抗病性差异机制研究 [D]. 烟台: 烟台大学.

刘保友, 王英姿, 2017. 套袋红富士苹果病虫害防治技术规程 [J]. 烟台果树 (1): 26-27.

刘翠玲, 刘海桢, 2023. 苹果树腐烂病重发原因及有效应对措施 [J]. 果树资源学报, 4(5): 61-62, 66.

刘晓琳, 车纯广, 张宏杰, 2023. 苹果园桃小食心虫的危害及药剂防治 [J]. 果农之友 (8): 86-88.

卢传兵, 于凯, 林倩, 等, 2022. 胶东地区苹果园绿盲蝽发生及为害动态 [J]. 中国植保导刊, 42(3): 39-41, 60.

鲁传涛, 封洪强, 杨共蔷, 等, 2021. 果树病虫诊断与防治彩色图解 [M]. 北京: 中国农业科学技术出版社.

栾梦, 潘彤彤, 董向丽, 等, 2019. 套袋苹果黑点病的发病诱因、机制与条件 [J]. 植物病理学报, 49(4): 520-529.

齐长友, 2021. 山楂叶螨的发生及防治 [J]. 现代农村科技 (7): 27-28.

申长顺, 马国峰, 2014. 河南鹤壁苹果干腐病的发生与防治[J]. 果树实用技术与信息(5): 32-33.

苏恒, 李国平, 孙小旭, 等, 2022. 绿盲蝽越冬卵在苹果园中的空间分布型及抽样技术[J]. 植物保护, 48(5): 298-303.

苏前普, 2022. 苹果霉心病的侵染及防治技术[J]. 果树资源学报, 3(3): 55-57.

汪少丽, 曲恒华, 王英姿, 等, 2020. 苹果轮纹病菌LAMP快速检测方法的建立[J]. 植物保护学报, 47(1): 127-133.

王富青, 2017. 红富士苹果红点病症状及防治措施[J]. 中国果菜, 37(1): 78-79.

王丽, 侯珲, 朱佳红, 等, 2023. 苹果轮纹病菌对吡唑醚菌酯的敏感性及Cytb基因序列分析[J]. 植物保护, 49(4): 178-184.

王小倩, 李文妮, 来顺宇, 2015. 苹果白粉病发生规律与防治对策[J]. 西北园艺(果树)(6): 32-33.

徐杰, 2021. 苹果炭疽叶枯病菌GTP结合蛋白GTPBP1的功能分析[D]. 北京: 中国农业科学院.

闫文涛, 岳强, 冀志蕊, 等, 2019. 苹果白粉病的诊断与防治实用技术[J]. 果树实用技术与信息(9): 28-30.

杨勤民, 李冰川, 徐德坤, 等, 2021. 苹果绵蚜综合防控技术[J]. 中国植保导刊, 41(3): 63-65.

袁家伟, 2023. 苹果腐烂病原真菌全基因组测序及比较基因组分析[D]. 杨凌: 西北农林科技大学.

张娟, 王博, 2020. 苹果霉心病发生规律、发生原因及综合防治技术[J]. 陕西农业科学, 66(5): 86-88.

张立功, 2020. 苹果全爪螨的识别与防治[J]. 果农之友(8): 33-34.

朱小琼, 安久栋, 段越琛, 等, 2016. 6种杀菌剂对苹果枝干轮纹病的防治效果[J]. 中国果树(3): 38-42.

Tang W, Ding Z, Zhou Z Q, et al. , 2012. Phylogenetic and pathogenic analyses show that the causal agent of apple ring rot in China is *Botryosphaeria dothidea*. Plant Disease, 96(4): 486-496.

图书在版编目（CIP）数据

苹果主要病虫害绿色防控及科学安全用药手册 / 刘保友,陈敏,顾海燕主编. -- 北京：中国农业出版社, 2024.10. -- ISBN 978-7-109-32493-0

Ⅰ.S436.611-62

中国国家版本馆CIP数据核字第2024EP5820号

中国农业出版社出版

地址：北京市朝阳区麦子店街18号楼

邮编：100125

责任编辑：阎莎莎

版式设计：杨 婧　　责任校对：吴丽婷　　责任印制：王 宏

印刷：北京中科印刷有限公司

版次：2024年10月第1版

印次：2024年10月北京第1次印刷

发行：新华书店北京发行所

开本：880mm×1230mm　1/32

印张：3

字数：78千字

定价：29.00元
